PEIDIANWANG SHIGONG GONGYI
BIAOZHUN TUJI

配电网施工工艺标准图集

（低压线路部分）

国网浙江省电力有限公司绍兴供电公司　组编

内 容 提 要

本书是指导基层配电网建设管理单位强化配电网工程精益化管理水平，提升配电网工程质量管理能力，提高配电网供电可靠性等工作的有效手段。本书按照低压线路施工的工序顺序进行编写，涵盖了低压线路大部分工序的施工。全书共3章，分别为低压架空线路、接户线安装、低压电缆分支箱安装。

本书系统实用、重点突出，通过大量的施工图片，让读者更清晰地了解和掌握低压线路的施工工艺和流程。本书可供配电网施工管理人员和技术人员参考使用。

图书在版编目（CIP）数据

配电网施工工艺标准图集.低压线路部分/国网浙江省电力有限公司绍兴供电公司组编.—北京：中国电力出版社，2021.8（2024.9重印）
ISBN 978-7-5198-5769-1

Ⅰ.①配… Ⅱ.①国… Ⅲ.①低电压—配电线路—工程施工—图集 Ⅳ.①TM726-64

中国版本图书馆CIP数据核字（2021）第130643号

出版发行：中国电力出版社
地　　址：北京市东城区北京站西街19号（邮政编码100005）
网　　址：http://www.cepp.sgcc.com.cn
责任编辑：崔素媛（010-63412392）
责任校对：黄　蓓　于　维
装帧设计：赵姗姗
责任印制：杨晓东

印　　刷：北京天宇星印刷厂
版　　次：2021年8月第一版
印　　次：2024年9月北京第二次印刷
开　　本：787毫米×1092毫米 16开本
印　　张：4
字　　数：158千字
定　　价：38.00元

版权专有　侵权必究

本书如有印装质量问题，我社营销中心负责退换

编委会

主　　编　李　骏　胡　泳

副 主 编　李尚宇　张金鹏

参　　编　马　力　高　平　王建良　章　琦

　　　　　陈　挺　蒋春锋　邢　烨　何万里

为完善配电网的标准化建设，提高配电网建设工艺水平，国网浙江省电力有限公司绍兴供电公司组织配电网设计、施工及管理人员组成专业工作团队，在广泛征求配电网专业施工人员和管理人员意见的基础上，对配电网施工工艺相关标准做了充分收集和应用研讨，结合《国家电网公司配电网工程典型设计（2016年版）》的要求，编写了《配电网施工工艺标准图集》丛书。

《配电网施工工艺标准图集》分为四个分册，分别为《架空线路部分》《10kV电缆部分》《低压线路部分》《配电站房部分》。

本分册涵盖了低压线路大部分工序的施工，根据配电线路建设施工的工序顺序编写，并配置了相应的施工图片，能让读者更清晰地了解和掌握低压线路的施工工艺和流程。

本书由国网浙江省电力有限公司绍兴供电公司组织编写，国网浙江省电力有限公司上虞区供电公司对本书的编写、拍摄、制作给予了很多技术支持。本书在编写中，得到了相关单位及专家的大力支持，在此致以衷心的感谢。

由于时间仓促，编者水平有限，本书难免有疏漏和不当之处，恳请广大读者提出宝贵意见。

作　者

2021年6月

前言

第1章 低压架空线路 — 1

1.1 工作流程 — 3
1.2 工作准备 — 3
1.3 附件安装 — 7
1.4 导线架设 — 30

第2章 接户线安装 — 35

2.1 支架安装 — 37
2.2 接户线安装 — 37
2.3 导线展放 — 38
2.4 紧线与固定 — 39
2.5 导线搭头连接 — 40
2.6 表箱安装 — 41
2.7 箱内原件安装 — 42
2.8 箱体防护 — 44

低压电缆分支箱安装

3.1 安装流程 47

3.2 工作前准备 47

3.3 设备检查 48

3.4 安装准备 50

3.5 进出线电缆安装 55

3.6 防火封堵、标识牌安装 57

第1章

低压架空线路

低压架空线路一般分为三相四线架空线路和单相二线架空线路。以下将三相四线架空线路称为 380V 架空线路,单相二线架空线路称为 220V 架空线路。结合浙江区域常用杆型,本章针对《国家电网有限公司 220/380V 配电网工程典型设计(2018 年版)》中 5 种杆型进行示意,分别为:380V 直线水泥杆、380V 直线转角水泥杆(15°以下)、380V 带拉线耐张转角水泥杆(45°)、380V 带拉线耐张转角水泥杆(90°)、380V 直线 T 接水泥杆。其余低压架空线路杆型装置、结构相似,不再赘述。

1.1 工作流程

低压架空线路安装工作流程如图 1-1 所示。

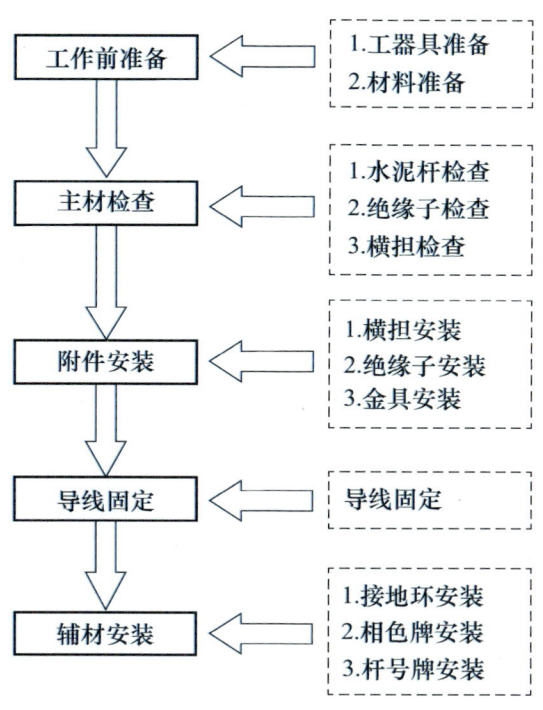

图 1-1 低压架空线路安装工作流程图

1.2 工作准备

架线前应全面掌握沿线地形、交叉跨越、交通运输、施工场地及施工资源的配置情况，熟悉工程的设计要求，正确选择放线方法，组织进行安全和技术交底。选择导线弧垂观测档，并确定导线弧垂观测方式。

工器具准备

施工前，应开展施工工器具检查，确保施工所需工器具齐全、完好、清洁，便于使用操作，如图1-2、表1-1所示。

图1-2 安装所需工具

表1-1　　　　　　　　　　　　主要工器具表

序号	名称	规格	单位	数量	备注
1	脚扣		组	1	
2	卡钳		把	2	
3	安全带		副	1	
4	工具袋		只	1	
5	水准仪		只	1	
6	榔头		只	1	
7	卸夹		只	3	
8	卷尺		只	2	
9	滑车		只	2	
10	紧线器		只	3	
11	个人工器具		套	1	

材料准备

架空线路安装之前,所需材料及零部件应齐全无损伤,便于安装,绝缘材料不得受潮、过期,如图 1-3、表 1-2 所示。

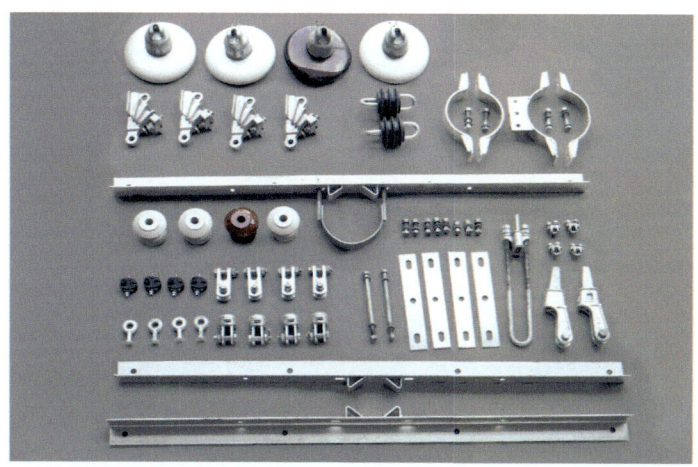

图 1-3 架空线路安装所需材料

表 1-2 架空线路所需材料表

序号	名称	规格	单位	数量	备注
1	悬式绝缘子	XP-1	只	4	
2	蝶式绝缘子	ED-1	只	4	
3	拉线绝缘子		只	2	
4	抱箍	ϕ190	副	1	
5	顶抱箍	ϕ190	副	1	
6	单横担	63×6×1500	块	1	
7	双横担	63×6×1500	副	1	
8	连接金具		套	4	
9	连板		块	4	
10	UT 型线夹		副	1	
11	连板		块	4	

耐张串安装制作附件材料如图 1-4、表 1-3 所示。

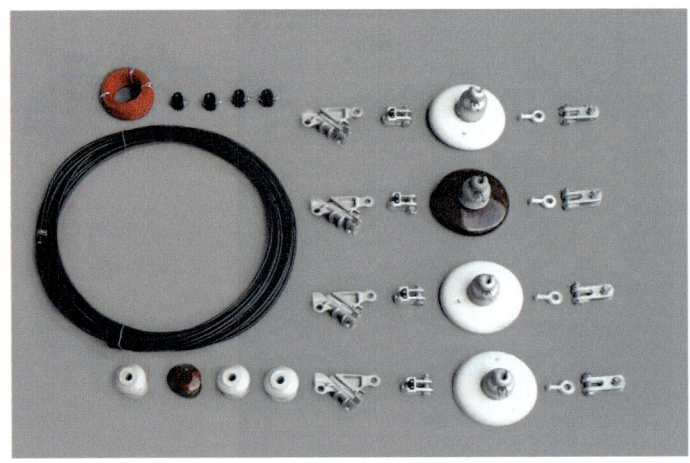

图 1-4　耐张串安装制作附件材料

表 1-3　　　　　　　　　　耐张串安装制作附件需材料表

序号	名称	规格	单位	数量	备注
1	绝缘导线	设计选定	m	若干	
2	悬式绝缘子	XP-1	只	4	
3	蝶式绝缘子	ED-1	只	4	
4	连接金具		套	4	
5	耐张线夹		副	4	
6	扎线		捆	1	

拉线安装制作附件材料如图 1-5、表 1-4 所示。

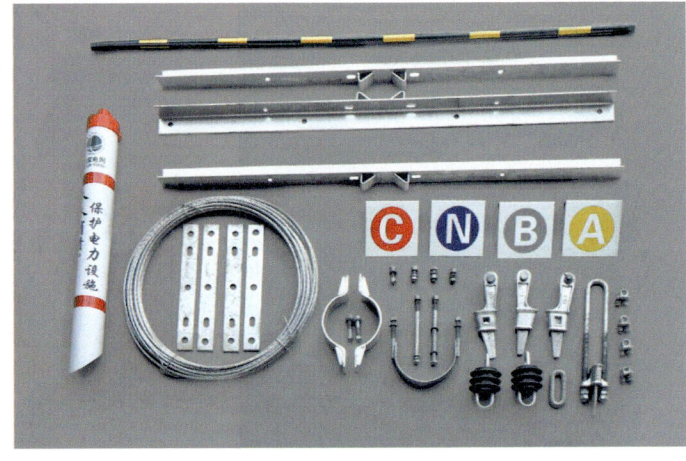

图 1-5　拉线安装制作附件材料

表 1-4 拉线安装制作主要材料表

序号	名称	规格	单位	数量
1	UT 型线夹		副	1
2	上把		副	1
3	抱箍	BG6	副	1
4	拉线绝缘子		个	2
5	钢绞线	GJ-35	m	设计选配
6	拉线保护管		支	
7	拉线警示标志		支	1

附件材料检查

施工前应对所需附件材料进行检查，附件材料应符合国家现行技术标准的规定，产品合格证、检验证等技术文件齐全、有效，型号及规格符合设计规定，附件材料检查要点如下：

（1）横担检查。横担长度误差 ±5mm、安装孔距误差 ±2mm。横担及其铁附件均应热浸镀锌，镀锌层完好，无锌皮剥落、锈蚀现象。

（2）金具检查。金具表面光洁，无裂纹、毛刺、飞边、砂眼、气泡等缺陷。线夹转动灵活，与导线接触的表面光洁，螺杆与螺母配合紧密适当。

（3）导线检查。导线不应有松股、交叉、折叠、断裂及破损等缺陷，不应有严重腐蚀现象。绝缘线表面应平整、光滑、色泽均匀，绝缘层厚度应符合规定。绝缘线的绝缘层应挤包紧密，且易剥离，绝缘线端部应有密封措施。钢绞线、镀锌铁线表面镀锌层应良好，无锈蚀、松股、交叉、折叠等缺陷。

（4）绝缘子检查。绝缘子瓷裙与铁件组合无歪斜现象，且结合紧密，铁件镀锌良好。瓷釉光滑，无裂纹、缺釉、斑点、烧痕、气泡、破损、开裂、生烧、过火及釉裂等缺陷。弹簧销、弹簧垫的弹力适宜。

1.3 附件安装

横担安装

1. 直线水泥杆

直线水泥杆的横担安装图如图 1-6 ～图 1-11 所示。

材料表

编号	材料名称	单位	数量	标型代号 D4Z-12-I	D4Z-12-K	D4Z-12-M
				材料型号规格		
1	水泥杆	根	1	φ190×12×I×G	φ190×12×K×G	φ190×12×M×G
2	四线横担	根	1	见适用表		
3	U型抱箍	只	1	U16-190	U16-190	U16-190
4	低压绝缘子	个	4	P-6T	P-6T	P-6T

杆型适用表

导线截面	A气象区 70mm²	A气象区 120mm²	A气象区 185mm²	B气象区 70mm²	B气象区 120mm²	B气象区 185mm²	C气象区 70mm²	C气象区 120mm²	C气象区 185mm²
横担角钢型号 $L_n \leqslant 50$	HD15-A19	HD15-A19	HD16-A19	HD15-A19	HD15-A19	HD16-A19	HD15-A19	HD15-A19	HD16-A19
$L_n \leqslant 60$	HD16-A19	HD16-A19		HD16-A19	HD16-A19		HD16-A19	HD16-A19	
适用标型 $L_n \leqslant 50$	D4Z-12-I D4Z-12-K D4Z-12-M	D4Z-12-I D4Z-12-K D4Z-12-M	×	D4Z-12-I D4Z-12-K D4Z-12-M	D4Z-12-I D4Z-12-K D4Z-12-M	D4Z-12-I D4Z-12-K D4Z-12-M	D4Z-12-I D4Z-12-K D4Z-12-M	D4Z-12-I D4Z-12-K D4Z-12-M	D4Z-12-I D4Z-12-K D4Z-12-M
$L_n \leqslant 60$	D4Z-12-I D4Z-12-K D4Z-12-M	D4Z-12-I D4Z-12-K D4Z-12-M		D4Z-12-I D4Z-12-K D4Z-12-M	D4Z-12-I D4Z-12-K D4Z-12-M		D4Z-12-I D4Z-12-K D4Z-12-M	D4Z-12-I D4Z-12-K D4Z-12-M	

技术参数表

杆型	电杆规格及参数	导线截面 (mm²)	根部水平力标准值 (kN)	根部下压力标准值 (kN)	根部弯矩标准值 (kN·m)	根部水平力设计值 (kN)	根部下压力设计值 (kN)	根部弯矩设计值 (kN·m)
D4Z-12-I	φ190×12×I×G	70	2.02	12.40	20.44	2.83	14.88	28.62
D4Z-12-K	φ190×12×K×G	120	2.68	12.99	27.07	3.75	15.59	37.90
D4Z-12-M	φ190×12×M×G	185	3.08	13.73	31.06	4.31	16.47	43.49

说明：根据具体实际情况对电杆基础部分进行计算校核后，适用底盘或卡盘。

图1-6 12m 380V 直线水泥杆杆型图

第 1 章　低压架空线路

图 1-7　直线水泥杆（横担安装—距离杆顶 150mm）

图 1-8　直线水泥杆（横担安装—水平校验）

图 1-9　直线水泥杆（横担安装—横担固定）

图 1-10　直线水泥杆（横担安装—绝缘子固定）

图 1-11　直线水泥杆（横担安装—绝缘子安装）

工艺要求：单横担时横担装于受电侧，双横担时横担对销固定螺栓方向应穿向受电侧；横担方向与线路方向垂直，上下、左右倾斜不大于 20mm，安装位置应距杆顶 150mm 处。

2. 90°带拉线耐张转角水泥杆

90°带拉线耐张转角水泥杆安装如图 1-12～图 1-23 所示。

10

第1章 低压架空线路

材料表

杆型代号			D4NJ2-12-I	D4NJ2-12-K	D4NJ2-12-M
编号	材料名称	单位	数量	材料型号规格	
1	水泥杆	根	1	φ190×12×I×G	φ190×12×K×G	φ190×12×N×G
2	四线横担	根	4	见适用表		
3	螺栓	只	8	M18×300	M18×300	M18×300
4		只	16	M16×40	M16×40	M16×40
5	低压绝缘子	个	4	P-6T	P-6T	P-6T
6	低压绝缘子耐张串	串	8	根据导线型号及截面选样		
7	线夹	套	8	根据导线型号及截面选样		
8	联板	套	8	L190		L190
9	拉线	套	2	见适用表		
10	拉线抱箍	套	2	见适用表		

杆型适用表

导线截面		A气象区			B气象区			C气象区		
横担角钢型号		70mm²	120mm²	185mm²	70mm²	120mm²	185mm²	70mm²	120mm²	185mm²
		HD15-B19	HD15-C19	HD15-D19	HD15-B19	HD15-C19	HD15-E19	HD15-B19	HD15-C19	HD15-E19
L_b≤50		HD16-B19	HD16-C19	HD16-D19	HD16-B19	HD16-C19	HD16-E19	HD16-B19	HD16-C19	HD16-E19
L_b≤60		LX-35	LX-50	LX-80	LX-35	LX-80	LX-100	LX-35	LX-80	LX-100
		BG8-1-190	BG8-2-190	BG8-2-190	BG8-1-190	BG8-2-190	BG8-3-190	BG8-1-190	BG8-2-190	BG8-3-190
拉线抱箍	L_b≤50	D4NJ2-12-I	D4NJ2-12-I	D4NJ2-12-I	D4NJ2-12-I	D4NJ2-12-I	D4NJ2-12-I	D4NJ2-12-I	D4NJ2-12-I	D4NJ2-12-I
		D4NJ2-12-K	D4NJ2-12-K	D4NJ2-12-K	D4NJ2-12-K	D4NJ2-12-K	D4NJ2-12-K	D4NJ2-12-K	D4NJ2-12-K	D4NJ2-12-K
		D4NJ2-12-M	D4NJ2-12-M	D4NJ2-12-M	D4NJ2-12-M	D4NJ2-12-M	D4NJ2-12-M	D4NJ2-12-M	D4NJ2-12-M	D4NJ2-12-M
拉线	L_b≤60		×							

技术参数表

电杆规格及参数		导线截面 (mm²)	拉线1拉力标准值 (kN)	拉线2拉力标准值 (kN)	根部下压力标准值 (kN)	拉线1拉力设计值 (kN)	拉线2拉力设计值 (kN)	根部下压力设计值 (kN)
杆型								
D4NJ2-12-I	φ190×12×I×G	70	18.87	17.52	34.08	26.41	24.52	40.90
D4NJ2-12-K	φ190×12×K×G	120	28.12	36.65	44.71	39.37	51.31	53.66
D4NJ2-12-M	φ190×12×M×G	185	39.41	55.74	49.89	55.18	78.03	59.87

说明：1. 线路转角45°～90°；拉线对地角45°。
2. 根据具体实际情况对电杆埋深部分进行计算校核后，选用底盘和卡盘。

图 1-12 380V 90°带拉线耐张转角水泥杆杆型图

图 1-13　90°带拉线耐张转角水泥杆（横担安装—距离杆顶 150mm）

图 1-14　90°带拉线耐张转角水泥杆（横担安装—水平校准）

图 1-15　90°带拉线耐张转角水泥杆（横担固定—螺栓连接）

图 1-16　90°带拉线耐张转角水泥杆（横担安装—联板距离校核）

图 1-17　90°带拉线耐张转角水泥杆（联板安装—螺栓连接）

图 1-18　90°带拉线耐张转角水泥杆（联板安装—安装完成）（一）

图 1-19　90°带拉线耐张转角水泥杆（联板安装—安装完成）（二）

图 1-20　90°带拉线耐张转角水泥杆（绝缘子安装—悬式绝缘子安装）

图 1-21　90°带拉线耐张转角水泥杆（绝缘子安装—悬式绝缘子安装完成）（一）

第 1 章 低压架空线路

图 1-22 90°带拉线耐张转角水泥杆（绝缘子安装—悬式绝缘子安装完成）（二）

图 1-23 90°带拉线耐张转角水泥杆（拉线抱箍距上层横担 150mm）

工艺要求：横担采用双十字横担结构，电源侧横担装于上层，负荷侧横担装于下层，横担方向与线路垂直。

上横担安装于距杆顶 150mm 处，上、下层横担间距为 300mm，在各受力侧装设拉线，拉线距横担间距为 150mm，拉线对地夹角应为 45°。

上层导线搭接于下层导线上，主干线上异形并沟线夹采用 3 只，支干线上采用 2 只。

3. 直线 T 接水泥杆

直线 T 接水泥杆安装图如图 1-24～图 1-35 所示。

15

材料表

编号	材料名称	单位	数量	材料型号规格 D4ZT4-12-I
1	水泥杆	根	1	φ190×12×1×G
2	四线横担	根	3	见适用表
3	U型抱箍	只	4	U16-190
4	螺栓	只	8	M18×300 M16×40
5	低压绝缘子	个	6	P-6T
6	拉线	套	1	见适用表
7	拉线绝缘子耐张串	套	4	根据导线型号及截面选择
8	低压绝缘子耐张串	串	4	根据导线型号及截面选择
9	线夹	只	4	
10	联板	套	4	L190

杆型适用表

		A气象区				B气象区				C气象区			
导线截面		70mm²	120mm²	185mm²		70mm²	120mm²	185mm²		70mm²	120mm²	185mm²	
横担角钢型号	$L_h \le 50$	HD15-B19	HD15-C19	HD15-D19		HD15-B19	HD15-C19	HD15-E19		HD15-B19	HD15-C19	HD15-E19	
	$L_h \le 60$	HD16-B19	HD16-C19	HD16-D19		HD16-B19	HD16-C19	HD16-E19		HD16-B19	HD16-C19	HD16-E19	
拉线抱箍		LX-35	LX-50	LX-80		LX-35	LX-80	LX-100		LX-35	LX-80	LX-100	
		BG8-1-190	BG8-2-190	BG8-2-190		BG8-1-190	BG8-2-190	BG8-3-190		BG8-1-190	BG8-2-190	BG8-3-190	
适用杆型	$L_h \le 50$	D4ZT4-12-I	D4ZT4-12-I	D4ZT4-12-I		D4ZT4-12-I	D4ZT4-12-I	D4ZT4-12-I		D4ZT4-12-I	D4ZT4-12-I	D4ZT4-12-I	
	$L_h \le 60$	D4ZT4-12-I	D4ZT4-12-I	D4ZT4-12-I		D4ZT4-12-I	D4ZT4-12-I	D4ZT4-12-I		D4ZT4-12-I	D4ZT4-12-I	D4ZT4-12-I	

技术参数表

杆型	水泥杆规格及参数	导线截面 (mm²)	拉线拉力标准值 (kN)	根部下压力标准值 (kN)	拉线拉力设计值 (kN)	根部下压力设计值 (kN)
D4ZT4-12-I	φ190×12×1×G	70	18.95	25.80	26.53	31.62
		120	28.22	32.94	39.51	46.12
		185	39.41	41.60	54.17	58.24

说明：
1. 线路直线T接：拉线对地夹角45°。
2. 根据具体实际情况对电杆基础部分进行计算校核后，选用底盘和卡盘。
3. 所有铁件均热镀锌防腐。

图1-24 380V直线T接（四线）水泥杆杆型图

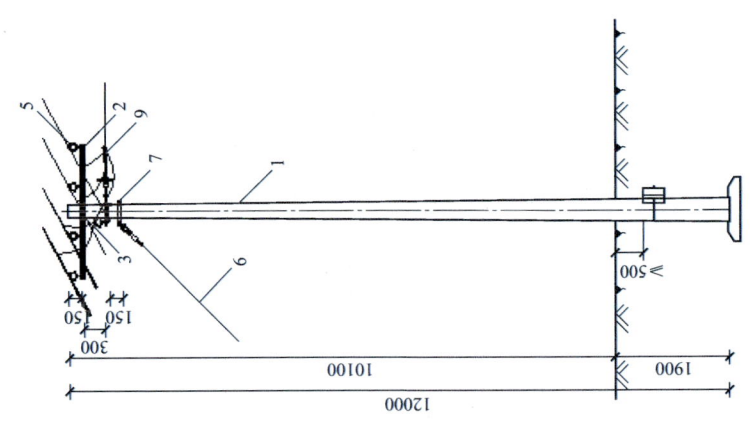

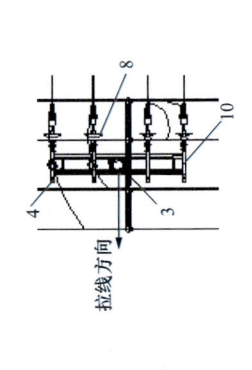

图 1-25　直线 T 接水泥杆上层直线横担

图 1-26　直线 T 接水泥杆（安装分支横担，距直线横担 300mm）

图 1-27　直线 T 接水泥杆（分支横担—水平校准）

图 1-28 直线 T 接水泥杆（下层横担固定—螺栓连接）

图 1-29 直线 T 接水泥杆（下层横担安装—联板距离校核）

图 1-30 直线 T 接水泥杆（下层联板安装—螺栓连接）

第 1 章 低压架空线路

图 1-31 直线 T 接水泥杆（下层联板安装—安装完成）

图 1-32 直线 T 接水泥杆（下层联板安装—安装完成）

图 1-33 直线 T 接水泥杆（下层绝缘子安装—悬式绝缘子安装）

配电网施工工艺标准图集（低压线路部分）

图 1-34 直线 T 接水泥杆（下层绝缘子安装—悬式绝缘子安装）

图 1-35 直线 T 接水泥杆（下层拉线抱箍距上层横担 150mm）

工艺要求： 横担采用十字横担结构，电源侧单（双）横担装于上层，负荷侧双横担装于下层，横担方向与线路垂直。

上横担安装于距杆顶 150mm 处，上、下层横担间距为 300mm，在受力侧装设拉线，拉线距横担间距为 150mm，拉线对地夹角应为 45°。

下层导线搭接于上层导线，导线方向从送电侧向受电侧布置。主干线上异形并沟线夹采用 3 只，支干线上采用 2 只。

绝缘子安装

1kV 以下配电线路绝缘子的性能，应符合现行国家标准。直线杆一般采用针式绝缘子或蝶式绝缘子，耐张杆采用悬式绝缘子。中性线、保护中性线应采用与相线相同的绝缘子。

第 1 章　低压架空线路

绝缘子安装，应符合下列规定：

(1) 安装应牢固，连接可靠，防止积水。

(2) 安装时应清除表面污垢及其他附着物。

(3) 悬式绝缘子安装时电杆与导线金具连接处无卡压现象。耐张串上的弹簧销子、螺栓及穿钉应由上向下穿入。当有困难时可由内向外或由左向右穿入。悬垂串上的弹簧销子、螺栓及穿钉应向受电侧穿入。两边线应由内向外，中线应由左向右穿入。

(4) 绝缘子裙边与带电部位的间隙不应小于 50mm。

导线固定

导线固定时，直线杆采用顶槽绑扎法，转角杆采用颈槽绑扎法。导线固定安装如图 1-36～图 1-40 所示。

图 1-36　直线杆蝶式绝缘子安装

图 1-37　直线杆蝶式绝缘子绑扎（一）

21

图 1-38　直线杆蝶式绝缘子绑扎（二）

图 1-39　直线杆蝶式绝缘子安装完成

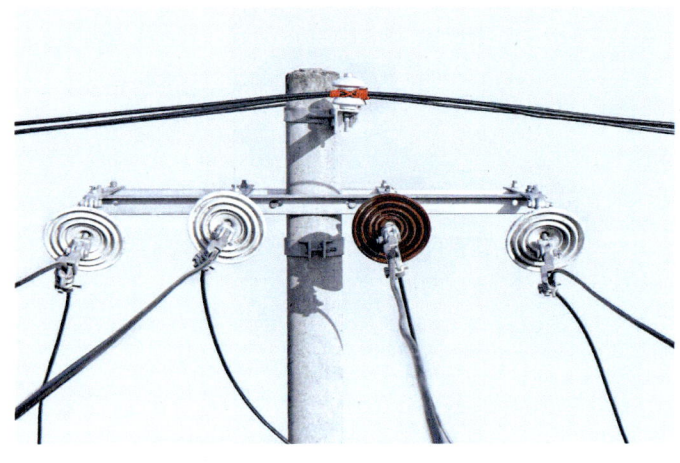

图 1-40　悬式绝缘子安装完成

工艺要求：（1）绝缘导线扎线应缠绕粘布带，缠绕长度超出接触部分 30mm，扎线采用不小于 2.5mm² 的单股铜塑线。

（2）柱式绝缘子绑扎分为单十字顶绑法和单十字侧绑法，即在导线上只搭扎一个十字，适用于小截面的配电线路。在大截面导线的配电线路应再加上一个十字，成为双十字绑法。

金具安装

1. 耐张线夹安装

耐张线夹安装如图 1-41、图 1-42 所示。

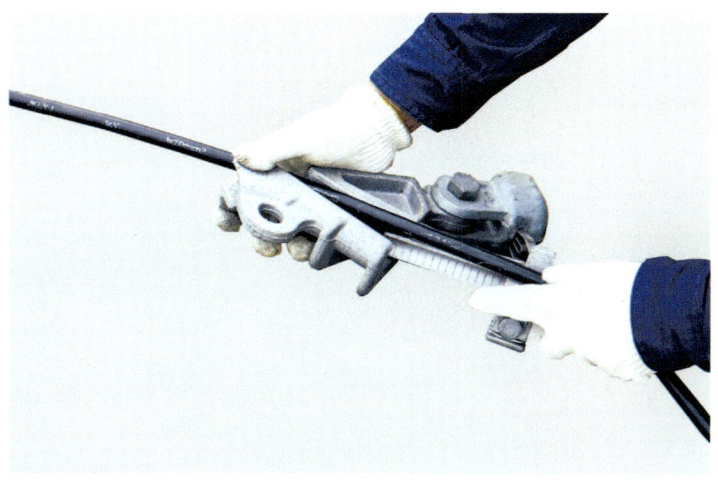

图 1-41　耐张线夹的安装

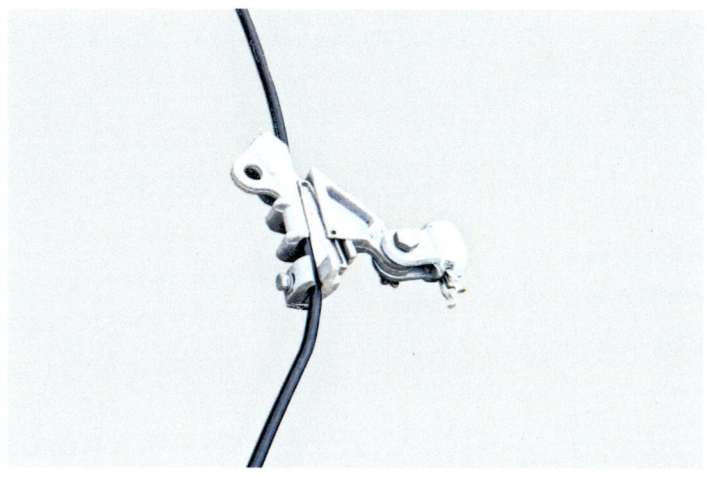

图 1-42　耐张线夹安装完成

工艺要求：（1）绝缘耐张线夹在采用前应对外观仔细检查金属部件，其表面均应进行热镀锌防腐处理，镀锌层的质量及厚度应符合要求。核对规格、型号是否与导线匹配。严禁用大线夹固定小导线。

（2）绝缘耐张线夹的安装，安装时绝缘线应剥去绝缘层，其长度和线夹等长，误差不大于 5mm。剥离绝缘层应采用专用的切削工具，不得损伤导线。

（3）导线在线夹楔形压板拉紧固定后，线夹尾端紧固螺丝应拧紧，形成足够的双重握着力。

2. 并沟线夹

并沟线夹安装如图 1-43 所示。

图 1-43　并沟线夹安装

工艺要求：（1）并沟线夹加绝缘罩使用，绝缘罩内有积聚凝结水的空间，排水孔应在下方。

（2）绝缘架空线耐张杆处的引流线不宜从主导线处剥离绝缘层搭接，应从线夹延伸的尾线处进行搭接。同时对于起点、终端杆耐张线夹处的尾线预留长度应充足，打圈迂回与主导线进行绑扎。

（3）绝缘罩的进出线口应具有确保与所用架空绝缘导线密封的措施。

（4）绝缘罩应锁紧各机构，该锁紧机构应能在各种气候条件下使两部分可靠结合且不会自动松开。

3. 穿刺接地线夹安装

穿刺接地线夹安装如图 1-44 所示。

图 1-44　穿刺接地线夹安装

工艺要求：（1）根据使用导线的规格和电压等级，选用合适规格的穿刺接地线夹，安装点与耐张线夹的距离位置应不小于 0.5m。

(2) 将线夹上的螺母松开，无须剥去导线绝缘层，然后将线夹卡在导线上。

(3) 使用专用力矩扳手拧紧穿刺接地线夹上部地螺母，使螺栓紧固，使验电环与导线平行。

拉线安装

一般拉线的安装如图 1-45 所示。

图 1-45　拉线安装

工艺要求：（1）转角、分支、耐张、终端和跨越杆均应装设拉线，终端杆的拉线及耐张杆承力拉线应与线路方向对正，分角拉线应与线路分角线方向对正，防风拉线应与线路方向垂直。15°以内不开断导线的转角杆只打外侧拉线；15°～60°转角杆应打顺线拉线，必要时应增打外侧拉线，并使其受力均匀；60°～90°转角杆可只打顺线拉线。

（2）线盘的埋设深度和方向，应符合设计要求。拉线棒与拉线盘应垂直，连接处应采用双螺母，其外露地面部分的长度应为500～700mm。拉线坑应有马道，回填土时应将土块打碎后夯实。拉线坑宜设防沉层。

1. UT型线夹

UT型线夹的安装如图1-46所示。

图1-46　UT型线夹安装

工艺要求：（1）安装前丝扣上应涂润滑剂。

（2）线夹舌板与拉线接触应紧密，受力后无滑动现象，线夹凸肚在尾线侧，安装时不应损伤线芯。

（3）拉线弯曲部分不应有明显松股，拉线断头处与拉线主线应固定可靠，线夹处露出的尾线长度为300～500mm，尾线回头后与本线应扎牢。

（4）同一组拉线使用双线夹并采用连板时，其尾线端的方向应统一。

（5）UT型线夹的螺杆应露扣，并应有不小于1/2螺杆丝扣长度可供调紧，调整后，UT型线夹的双螺母应并紧，花篮螺栓应封固。

2. 拉线抱箍安装

拉线抱箍的安装，如图 1-47 所示。

图 1-47　拉线抱箍安装

工艺要求：一般拉线应用专用的拉线抱箍，拉线抱箍一般装设在相对应的横担下方，距横担中心线 100mm 处。拉线的收紧应采用紧线器进行。高低压线路同杆架设时穿过低压线的拉线应加拉线绝缘子。

3．拉线绝缘子安装

拉线绝缘子安装如图 1-48、图 1-49 所示。

图 1-48　拉线绝缘子安装

图 1-49　拉线保护套安装

工艺要求：钢筋混凝土电杆设置拉线绝缘子时，在断拉线情况下拉线绝缘子距地面处不应小于 2.5m，地面范围的拉线应设置保护套。

4．拉线警示管

拉线警示管安装如图 1-50 所示。

图 1-50　拉线警示管

工艺要求：在人易到达的地区，特别是在人行道等地区的拉线必须有鲜明的警示标志，警示标志一般采用在拉线上加套红白相间的警示管，应连接稳定，固定可靠。

5．拉线布置

拉线应根据电杆的受力情况装设。拉线与电杆的夹角宜采用45°。当受地形限制时可适当减小，且不应小于30°。拉线安装应符合下列规定：

（1）承力拉线应与线路方向的中心线对正；分角拉线应与线路分角线方向对正；防风拉线应与线路方向垂直。

（2）跨越道路的拉线，应满足设计要求，且对通车路面边缘的垂直距离不应小于5m。

（3）一基电杆上装设多条拉线时，各条拉线的受力应平衡。

（4）采用镀锌铁线合股组成的拉线，其股数不应少于三股。镀锌铁线的单股直径不应小于4.0mm，绞合应均匀、受力均衡，不应出现抽筋现象。

（5）合股组成的镀锌铁线的拉线，可采用直径不小于3.2mm镀锌铁线绑扎固定，绑扎应整齐紧密，缠绕长度为：

1）5股以下者，上端：200mm；中间有绝缘子的两端：200mm；下缠150mm，花缠250mm，上缠100mm。

2）合股组成的镀锌铁线拉线采用自身缠绕固定时，缠绕应整齐紧密，缠绕长度：三股线不应小于80mm，5股线不应小于150mm。

螺栓安装

1 螺栓连接的构件应符合下列规定：

（1）螺杆应与构件面垂直，螺头平面与构件间不应有间隙。

（2）螺栓紧固后，螺杆丝扣露出。

（3）当必须加垫圈时，每端垫圈不应超过两个。

2 螺栓的穿入方向应符合下列规定：

（1）对立体结构：水平方向由内向外；垂直方向由下向上。

（2）对平面结构：顺线路方向，双面构件由内向外，单面构件由送电侧穿入或按统一方向；横线路方向，两侧由内向外，中间由左向右（面向受电侧）或按统一方向。

1.4 导线架设

导线架设距离要求

1 架空绝缘线对地面、建筑物、树木的最小垂直、水平距离应符合下列要求：

(1) 集镇/村庄居住区（垂直）：6m。

(2) 非居住区（垂直）：5m。

(3) 不能通航的河湖水面（垂直）：5m。

(4) 不能通航的河湖最高洪水位（垂直）：3m。

(5) 建筑物（垂直）：2m。

(6) 建筑物（水平）：0.2m。

2 低压电力线路与弱电线路交叉时，电力线路应架设在弱电线路的上方；电力线路电杆应尽量靠近交叉点但不应小于对弱电线路的倒杆距离。电力线路与弱电线路最小距离（垂直、水平）为1m。

3 低压电力线路与各种架空线路交叉时的最小垂直距离：与1kV以下线路：1m；与10kV线路：2m。

4 线路导线每相的过引线、引下线与邻相的过引线、引下线或导线之间的净空距离，不应小于150mm；导线与拉线、电杆间的最小间隙，不应小于50mm。

5 导线采用水平排列，中性线或保护中性线不应高于相线，如线路附近有建筑物，中性线或保护中性线宜靠近建筑物侧。同一供电区导线的排列相序应统一；路灯线不应高于其他相线、中性线或保护中性线。

导线展放

绝缘导线应在放线施工前后进行外观检查和绝缘电阻的测量，绝缘电阻值应合格，绝缘层应无损伤。绝缘导线的展放如图1-51所示。

工艺要求：（1）架设绝缘线宜在干燥天气进行，气温应符合绝缘线施工的规定。

（2）展放线过程中，应将绝缘线放在塑料滑轮或套有橡胶护套的铝滑轮上。滑轮直径不应小于绝缘线外径的12倍，槽深不小于绝缘线外径的1.25倍，槽底部半径不小于0.75倍绝缘线外径，轮槽槽倾角为15°。

（3）展放线时，绝缘线不得在地面、杆塔、横担、绝缘子或其他物体上拖拉，以防损伤绝缘层。

（4）宜采用网套牵引绝缘线。

图 1-51　导线展放及人力牵引

紧线准备

耐张段两端的耐张杆塔，在紧线施工前应考虑设置临时补强措施。紧线耐张段两端耐张杆塔的补强绳，均需用钢丝绳；若耐张杆塔为永久拉线，必须在相应挂线处侧横担端点安装临时补强拉线；若耐张杆另一侧架空线已紧线完成，则不需要再安装补强拉线；临时拉线一般使用不小于 $\phi 9.5mm^2$ 钢丝绳或相应的钢绞线制作拉线，永久拉线地锚若大于 45°并顺线路埋设的，可不另埋设临时地锚。

1. 紧线操作

紧线操作如图 1-52～图 1-55 所示。

图 1-52　紧线操作（一）

图 1-53 紧线操作（二）

图 1-54 紧线操作（三）

图 1-55 紧线操作（四）

（1）紧线前要先收紧余线，用人力或用牵引设备牵引钢绳紧线，待架空线脱离地面 2～3m 时，即开始在耐张操作杆前面处套上紧线器（见图 1-52）。

（2）紧线时使用与导、地线规格匹配的紧线器。推动线夹张开，夹入导线，使线夹夹紧导线（见图 1-53）。

（3）紧线宜按先上层后下层，先地线后导线，先中线后两边导线的次序。

（4）采用机动绞磨或人力绞磨牵引紧线钢绳进行紧线时，负责指挥紧线人应随时注意拉力表及导、地线离地情况。若发现不正常或前方传来停止信号，应迅速停止牵引，查明原因并处理后再继续牵引。

（5）架空线收紧接近弧垂要求值时，应即减慢牵引速度，待前方通知已达到要求弧垂值或张力值时，立即停止牵引，待 1min 无变化时，在操作杆塔上进行划印（见图 1-54）。

（6）划印后，由杆塔上的施工人员在高空立即将导、地线卡入耐张线夹，然后将导、地线挂上杆塔，最后松去紧线器（见图 1-55）。

（7）高空划印后，再将导、地线放松落地，由地面人员根据印记操作卡线，同时组装好绝缘子串，再次紧线。高空操作人员待绝缘子串接近杆塔上的球头挂环时，立即将球头套入绝缘子碗头，插入弹簧销完成挂线操作，即为二次紧线。

（8）耐张线夹内导线应包两层铝包带，在线夹两端应露出各 50mm，铝带尾端必须压在线夹内，包扎时从中心开始包向两端；第二层从两端折回包向中间为止。

2. 跳线连接

绝缘导线跳线连接如图 1-56 所示。

图 1-56　跳线连接

工艺要求：（1）跳线顺向连接，弧度均匀，连接紧密。所有引线、连接线线夹不得少于 2 个。

（2）安全距离不足或弧度较大时，应用绝缘子固定隔离。

3. 相序牌安装

相序牌安装如图 1-57 所示。

图 1-57　相序牌安装

工艺要求： 低压线路的终端杆、耐张杆、分支接杆上均应装相序标识牌，用黄、绿、红、浅蓝四色表示 A、B、C 及中性线，安装在导线挂点附近的醒目位置。

第 2 章

接户线安装

接户线指配电线路与用户建筑物外第一支持点之间的一段线路。本图集采用绝缘导线（JKYJ 型、JKLYJ 型）、集束绝缘导线（BS-JKYJ、BS-JKLYJ 型）、交联聚乙烯绝缘聚氯乙烯护套电缆(YJLV、YJV 型)。

2.1 支架安装

耐张段固定的首、末端必须采用配套的有眼拉攀作为起、止点支架和耐张线夹的挂点，有眼拉攀如图 2-1 所示。

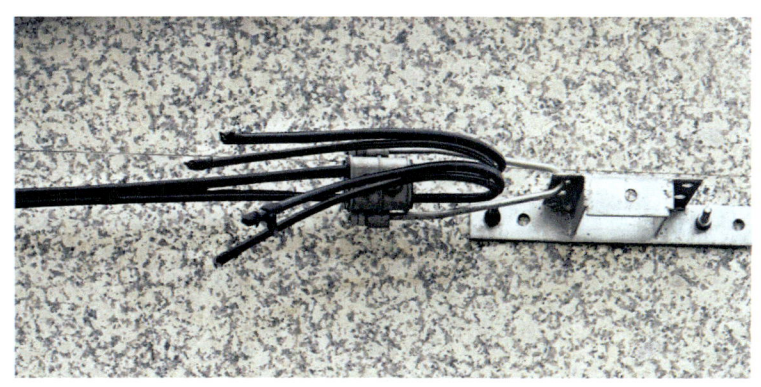

图 2-1 有眼拉攀

工艺要求：导线沿墙敷设时，要合理选择布线的位置和路径。所选路径要按照"横平竖直"布线的原则要求，设置支架点固定。集束绝缘导线水平布置时线路跨越人行通道的导线离地面高度不应低于 3.5m，跨越通车道路的不应低于 6m。水平敷设时距阳台、平台、屋顶垂直距离大于 2.5m，距下方窗户大于 0.3m，距上方窗户大于 0.8m。垂直敷设时至阳台、窗户的水平距离大于 0.75m。与墙及各类导线、支架保持 5cm 的距离。

2.2 接户线安装

接户线的档距不宜大于 25m，超过 25m 时宜设接户杆。当距离较长、截面较大时，集束导线宜采取松弛张力放线。

接户线受电端的对地面垂直距离，不应小于 2.7m。

沿墙敷设的接户线两支持点间的距离不应大于6m，采用集束导线超过6m时，应在两侧加装耐张线夹。沿墙敷设接户线的对地垂直距离不小于2.7m。

2.3 导线展放

导线展放如图2-2、图2-3所示。

图2-2　集束绝缘导线展放（一）

图2-3　集束绝缘导线展放（二）

工艺要求：（1）集束绝缘导线展放宜在干燥天气进行（见图 2-2）。在展放施工前应选择好匹配的放线架，合理布置展放场地。集束绝缘导线展放时按线盘绕制的反方向施放。在施放过程中集束绝缘导线应在塑料滑轮或有橡胶护套的铝滑轮内，避免集束绝缘导线触及地面和建筑物的突出部分，或在其他物体上拖拉，发生绝缘层的损伤。

（2）沿墙展放时，集束绝缘导线应放置在塑料滑轮或有橡胶护套的铝滑轮内，待导线收紧后，以扁平状绑扎固定于工字绝缘子凹槽外侧，见图 2-3。

（3）采用杆塔架空敷设时，对四芯集束绝缘导线应在架空前进行归方。以 0.8～1.0m 为间隔段，宜采用耐候型尼龙扎带或 2.5mm^2 绝缘线进行二圈紧密捆扎作归方处理。捆扎后的线头应嵌入归方开口的线槽内，使整段集束绝缘导线平滑，无突出物。

2.4 紧线与固定

集束绝缘导线紧线与固定如图 2-4～图 2-6 所示。

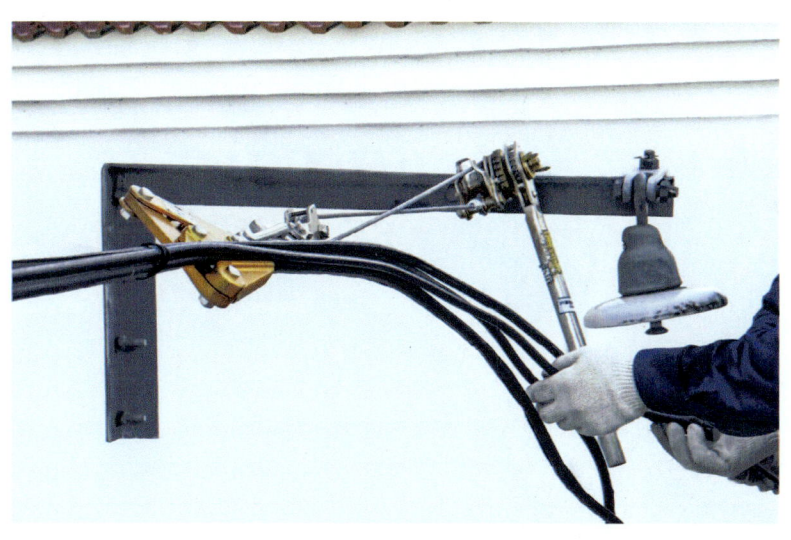

图 2-4　集束绝缘导线紧线

配电网施工工艺标准图集（低压线路部分）

图 2-5　集束绝缘导线直线沿墙敷设的固定

图 2-6　集束绝缘导线沿墙敷设时终端的固定

工艺要求：（1）集束绝缘导线紧线前，应对展放的集束绝缘导线进行检查，有无出现集束绝缘导线在展放中金钩、变形及绝缘受损。在紧线过程中，注意集束绝缘导线有无卡、勾、挂等现象。在紧线完成后应沿线路仔细检查，零线的凸线侧应在扁平状布线的下端口。

（2）沿直线杆塔架设的，采用悬吊线夹固定。墙上直线段采用工字绝缘子固定，转角及耐张杆终端采用耐张线夹固定。

2.5　导线搭头连接

导线搭头如图 2-7 所示。

40

第 2 章 接户线安装

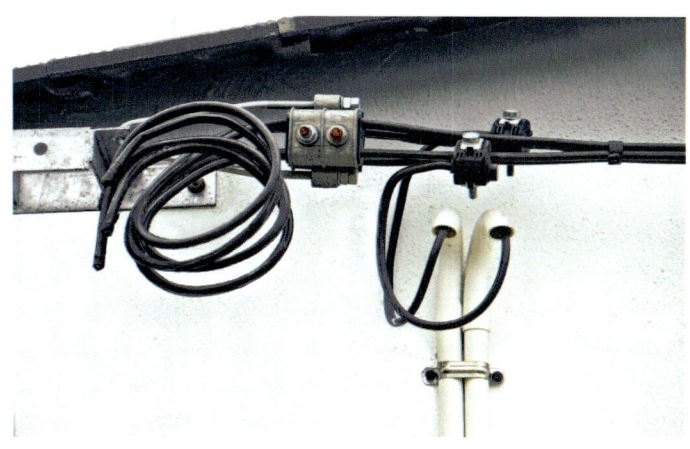

图 2-7 集束绝缘导线搭头

工艺要求： 导线端搭头方向应朝受电侧，采用剥皮绕接搭头，不建议采用穿刺线夹连接。用户端支架处固定后进入墙上分支箱应做好雨水弯，分支箱内部应采用铜铝接头有效固定。

2.6 表箱安装

电能表箱安装如图 2-8 所示。

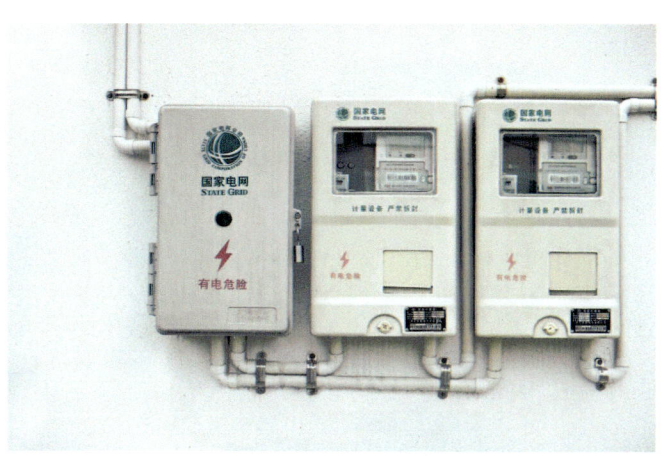

图 2-8 电能表箱安装

工艺要求： （1）居民住宅小区多户装表嵌入式电能表箱应在住宅小区基建后期安装在指定的位置，确保电能表安装高度在 0.8～1.8m；对安装于墙壁的电能表箱宜为 1.6～2.0m 的高度范围。

（2）生活用电实行一户一表计量，其电能表箱宜安装于户外墙上。农户电能表箱底部距地面高度宜为1.8～2.0m，电能表箱应满足坚固、防雨、防锈蚀的要求，应有便于抄表和用电检查的观察窗。

（3）表箱进出线加装套管保护，表箱进线不应有破口或接头，套管上端留滴水弯，下端应进入表箱内。

2.7 箱内原件安装

箱内原件安装如图2-9～图2-12所示。

图2-9　户外单表位表箱安装（一）

图2-10　户外单表位表箱安装（二）

(1) 装在电能表箱内的开关、熔断器等设备应垂直安装，上端接电源，下端接负荷。相序应一致，从左侧起排列相序为：单相用户为 U（V、W）、N、三相用户为 U、V、W、N（见图 2-9）。

(2) 电能表安装必须垂直牢固，表中心线向各方向的倾斜不大于1°（见图 2-10）。

图 2-11　户外单表位表箱安装（三）

图 2-12　户外单表位表箱安装（四）

(3) 当导线接入的端子是接触螺钉，应根据螺钉的直径将导线的末端弯成一个环，其弯曲方向应与螺钉旋入方向相同，螺钉（或螺帽）与导线间、导线与导线间应加垫圈。

(4) 直接接入式电能表采用多股绝缘导线，应按表计容量选择。若选择的导线过粗时，应采用断股后再接入电能表端钮盒的方式。

(5) 当导线小于端子孔径较多时，应在接入导线上加扎线后再接入（见图 2-12）。

2.8 箱体防护

(1) 进出电缆孔洞封堵严密。

(2) 各电能表窗口正对电能表的玻璃表板。

(3) 箱体编号、用户名、客服电话、国家电网公司标志等应规范、完整、醒目，如图 2-13 所示。

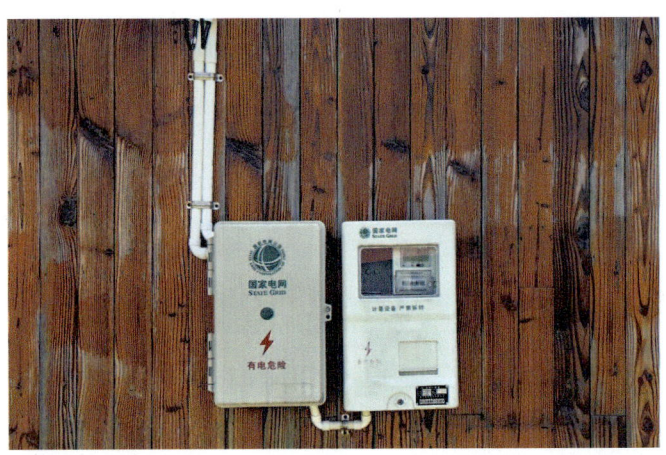

图 2-13　户外单表位表箱安装完成

第 3 章

低压电缆分支箱安装

3.1 安装流程

低压电缆分支箱安装流程如图 3-1 所示。

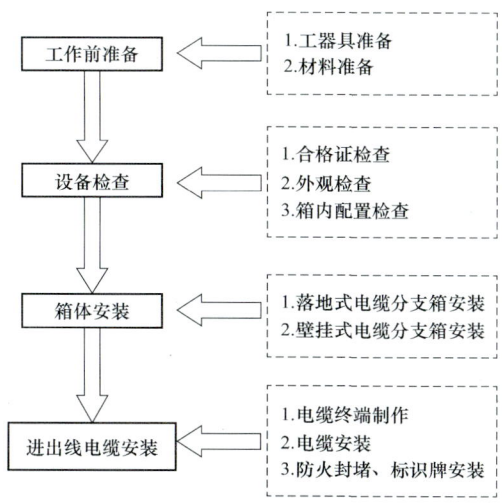

图 3-1 低压电缆分支箱安装流程

3.2 工作前准备

工器具准备

安装配电箱前,应做好施工用工器具检查,确保施工用工器具齐全完好,状况良好,便于操作。

材料准备

低压电缆分支箱安装所需材料如图 3-2、表 3-1 和表 3-2 所示。

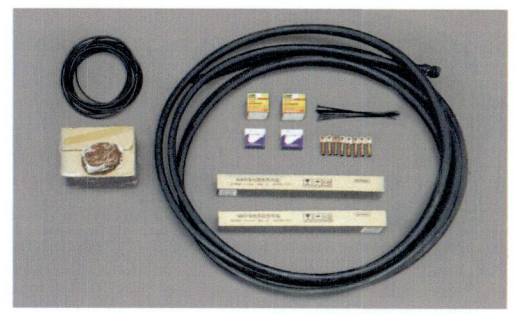

图 3-2 安装所需材料

表 3-1　　　　　　　　　　　　　　　所需主要材料表

序号	名称	规格	单位	备注
1	电缆分支箱，AC400V，条形开关，五路，630A	进线隔离开关 630A，出线条形开关，4×250A，304 不锈钢，落地式，户外	台	设计选配
2	电缆分支箱，AC400V，条形开关，五路，630A	进线隔离开关 630A，出线条形开关，4×250A，304 不锈钢，挂墙式，户外	台	设计选配
3	电缆分支箱，AC400V，塑壳断路器，五路，630A	进线隔离开关 630A，出线塑壳断路器，4×250A，304 不锈钢，落地式，户外	台	设计选配
4	电缆分支箱，AC400V，塑壳断路器，五路，630A	进线隔离开关 630A，出线塑壳断路器，4×250A，304 不锈钢，挂墙式，户外	台	设计选配
5	低压电力电缆	低压电力电缆，YJV，铜，95，4 芯，ZC，22，普通	m	设计选配
6	电缆终端	1kV 电缆终端，4×95，户外终端，冷缩，铜	套	设计选配

表 3-2　　　　　　　　　　　　　　　所需辅材表

序号	名称	单位	数量	用途
1	螺丝刀	把	1	
2	电锤	把	1	
3	膨胀螺丝	颗	若干	
4	PVC 管	m	若干	
5	PVC 弯头	只	若干	
6	PVC 管卡	只	若干	

3.3 设备检查

安装低压电缆分支箱前，应检查电缆分支箱型号、规格是否符合典型设计要求。

合格证检查

（1）执行产品标准号。

(2）检验项目及其结果或结论。

(3）批量、批号及抽样受检的件号。

(4）产品的检验日期、出厂日期、检验员签名或盖章。

外观检查

低压电缆分支箱应外观完整，无损伤、锈蚀、变形，防水、防潮、防尘，通风措施可靠。箱门应开闭灵活，门锁可靠，关闭严密，如图 3-3 所示。

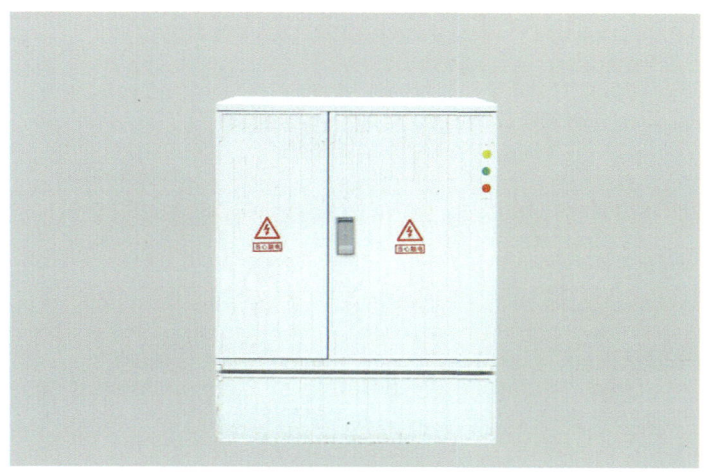

图 3-3　外观检查

箱内配置检查

检查低压电缆分支箱内各元件型号、规格应符合设计要求，绝缘件无缺损、裂纹，各元件组装牢固，连接紧密，接触可靠，如图 3-4 所示。

图 3-4　箱内配置检查

3.4 安装准备

落地式基础制作

1. 基础选址

根据已批准的设计施工图，考虑周边环境、建筑物等情况，确定低压电缆分支箱的位置进行定位、放样，如图 3-5 所示。

图 3-5　基础选址

工艺要求：电缆分支箱安装位置应设置在不妨碍交通、不易碰撞、不受洪水淹没的地段。

2. 基础施工

基础应按照设计施工图的尺寸和要求进行开挖和砌筑，如图 3-6 和图 3-7 所示。

图 3-6　基础开挖

图 3-7　基础砌筑

工艺要求：砌筑前须复测，确定方向后进行砌筑，宜采用灰砂砖，用水泥砂浆砌筑，灰砂砖砌筑前 24h 要淋透水。砌筑砂浆要充分搅拌均匀，确保砂浆质量，砖砌体要横平竖直，灰缝饱满均匀。砌筑宜采用挤浆法，或者采用"三一砌砖法"，即：一铲灰、一块砖、一挤揉并随手将挤出的砂浆刮去。操作时砌块要找平、跟线，并经常进行自检，如发现有偏差，应随时纠正，严禁事后采用撞砖纠正。砌墙应随砌随将溢出砖墙面的砂浆刮除。

3. 落地式分支箱直接安装

落地式低压电缆分支线箱安装操作如图 3-8 ～图 3-10 所示。

图 3-8　落地式低压电缆分支线箱安装

图 3-9 落地式低压电缆分支线箱固定

图 3-10 落地式低压电缆分支线箱箱体安装完成

工艺要求：箱体安装应牢固可靠，完好、无损伤，垂直允许偏差≤1.5mm/m，水平允许偏差≤1mm/m，宜采用螺栓固定，且防松零件齐全。电缆分支箱底座与接地网连接牢固。

挂墙式低压电缆分支箱支架安装

挂墙式低压电缆分支箱因安装需要，需先在墙面安装固定支架，再将分支箱固定至支架上，安装如图 3-11～图 3-14 所示。

52

第 3 章 低压电缆分支箱安装

图 3-11 确定支架位置

图 3-12 标记打孔位置

图 3-13 进行打孔

53

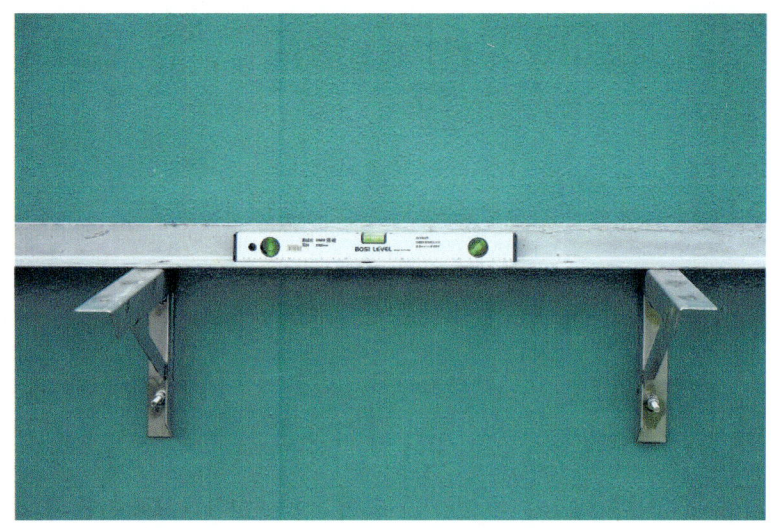

图 3-14　固定支架并校验水平

工艺要求： 支架的安装需先在墙面测出固定支架的安装位置，一般选取离地 1.5m 处。标记打孔点后使用钻孔工具进行打孔，最后通过螺栓将支架固定在墙面上（图 3-11）。

(1) 支架应安装牢固，横平竖直；托架支吊架的固定方式应按设计要求进行。各支架的同层横档应在同一水平面上，其高低偏差不应大于 5mm（图 3-12）。

(2) 在有坡度的建筑物上安装支架应与建筑物有相同的坡度。

1) 根据支架或吊架承重的负荷，选择相应的膨胀螺钉及钻头，所选钻头的长度应大于膨胀螺钉套管长度。

2) 打孔的深度应以将膨胀螺钉套管长度全部埋入墙内后，表面平齐为宜（图 3-13）。

3) 埋好螺栓后可用螺母配上相应的垫圈将支架或吊架直接固定在膨胀螺钉上（图 3-14）。

4. 挂壁式分支箱安装固定

固定支架安装完成后，通过支架和膨胀螺丝将分支箱固定在墙面上，如图 3-15 和图 3-16 所示。

工艺要求： 箱体用膨胀螺栓直接固定在墙体上并采用角铁支撑。安装垂直、牢固；支撑角铁安装时须保持水平，受力均匀；箱体安装垂直。

图 3-15　挂墙式低压电缆分支线箱箱体安装及固定

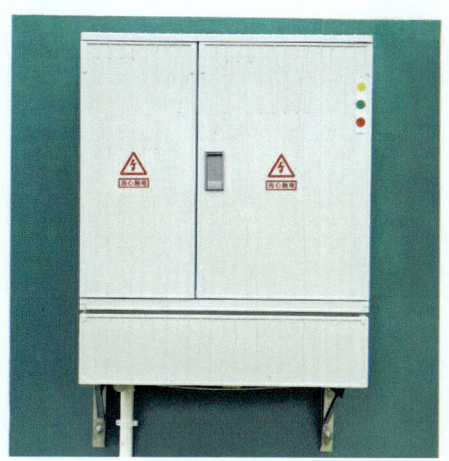

图 3-16　挂墙式低压电缆分支线箱安装完成

3.5　进出线电缆安装

电缆终端制作

冷缩式电缆终端头制作工艺及要求参照《配电网施工工艺标准图集（10kV 电缆部分）》（ISBN：978-7-5198-3212-4），制作完成图如图 3-17 所示。

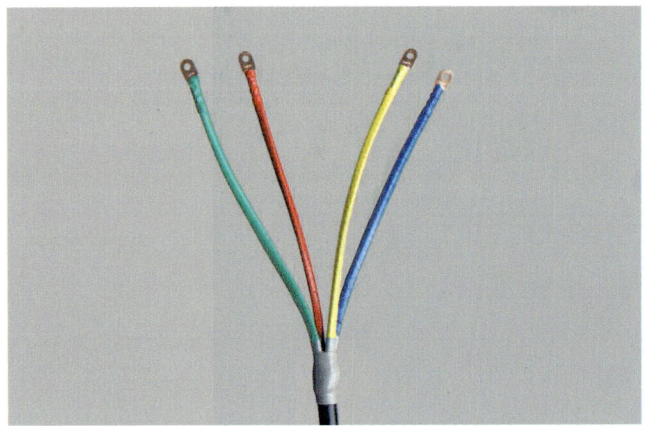

图 3-17　电缆终端制作完成

电缆安装

电缆安装如图 3-18、图 3-19 所示。

图 3-18　电缆端子固定

图 3-19　进、出线电缆安装完成

工艺要求： 电缆分支套应位于电缆分支箱底部 200mm，并满足防凝露泡沫密封剂安装要求，进线电缆预留长度应分别为 A 相 2m，B 相 2m，C 相 2m，N 相 2m，出线电缆预留长度应分别为 A 相 1.5m，B 相 1.5m，C 相 1.5m，N 相 1.5mm。

3.6 防火封堵、标识牌安装

防火封堵、标识牌安装如图 3-20、图 3-21 所示。

工艺要求： 落地式低压电缆分支箱因进线电缆经排管进入箱内，故在排管孔洞位置需进行防火封堵。同时电缆井内的电缆应绑扎标识牌，在低压电缆分支箱两侧醒目位置粘贴分支箱名称和警示标志。所有步骤完成后，盖上电缆井盖板，关闭分接箱箱门。

图 3-20　充气式密封塞防火封堵

图 3-21　落地式低压电缆分支箱标识牌安装